天下文化

BELIEVE IN READING

松下幸之助㊞的實踐經營哲學

實踐経営哲学

松下幸之助 ——— ㊕
卓惠娟 ——— ㊫

目次
もくじ

推薦序

以人為本的實踐之道——重讀《松下幸之助的實踐經營哲學》

信義房屋創辦人　周俊吉

松下幸之助這本書對我個人及信義房屋的經營思維產生了深遠且關鍵的影響，掛在信義房屋總部二樓牆上的「立業宗旨」，基本上就是從松下幸之助的論述，依照我們這個產業的樣子所整理出來的。

我最初接觸到《松下幸之助的實踐經營哲學》（実践経営哲学）這本書，是在一九八一年創業時，但後來中文翻譯版絕版了，因此我深感欣喜遠見．天下文化事業群現在要重新翻譯上市。

在重新細讀本書的過程中，我愈發意識到松下幸之助所提出的經營理念，與信義房屋自創業以來所逐步形成的企業文化，於多個層面上展現出深刻的契合與互為印證之處。

以下，我將從實際經營經驗出發，說明信義房屋如何在企業運作中，展現出與松下經營哲學相呼應的核心精神。

「立業宗旨」源自松下幸之助

我大學畢業、退伍以後，不到半年就創業了，當時可謂幾乎毫無職場歷練，松下幸之助提出企業健全發展的基礎，首要之務是確立經營理念。我也具體力行，據此草擬了「立業宗旨」，說明企業為何經營，再談如何經營。

初期我們主要招募具有房仲經驗的人才，我每天都跟同仁先朗誦這篇「立業宗旨」。但他們念歸念，並不在意，所以產生的影響就很小。到了一九八六年，信義房屋開始招募沒有經驗的年輕人，我也將立業宗旨轉化成具體營運的一些做法，不管是對內的規章，或者是對外的服務，他們慢慢地就能接受這樣的想法。

「立業宗旨」強調「交易的安全、迅速、合理」，為了保障交易的安全，信義房屋率業界之先，研發出不動產說明書、履約保證等重要制度，來保障交易的安全。

為了達到交易的效率，一九八九年我們斥資近二千萬元，用IBM所建置的AS400資訊系統，是臺灣最早運用連網系統的服務業。在那個還沒有Internet的年代，透過modem（數據機），讓我們每一個分店都能夠即時知道別家分店的案源，共享訊息。

傳統上，這個產業主要依賴價差獲利，為了達到交易價格的合理，信義房屋採取固定的費率，收取合理的佣金；並且透過公平的估價、鑑價，不至於誰比較強勢，就賣得比較高價，或買得比較低。

以人為本的思維

「立業宗旨」提到使同仁獲得就業安全與成長，這正呼應松下幸之助的核心理念「以人為本」（人をつくっている），幾十年來也是我所奉行的經營理念。

我們規劃了多項制度，來保障人才就業的安全跟成長，舉例而言新人進來，從半年內保障底薪一萬二，一萬八，到現在半年內有五萬元底薪的保障。其實，以現在大學剛畢業的新人來說，底薪大概三萬元左右，這項行之多年的五萬元底薪制度，多給的兩萬元，是先假設他半年內可能會有的業績，提前發給他，讓他在新進的半年內，可以專心的學習。新人不至於因為沒有收入，便想要有業績，該上的課也不想上。

現在很多的同業，甚至採取沒有底薪的制度，他一定會想，「我賺錢最重要，能夠把房子賣掉最重要，去遵守那些理念是沒有用的。因為遵守那些理念，我這個月可能就沒有收入。」尤其到了月底，家裡需要奶粉錢，有一個成交的機會，就算有一些該講的事情沒有講，不該講的事講了，松下幸之助提到「深刻洞察人的本質與特性」（人間観をもつこと）正是經營之道的關鍵所在。

獲利是貢獻社會的報酬

我們在立業宗旨中亦強調「以適當利潤維持企業之生存與發展」，與松下認為企業「獲利是貢獻社會的報酬」（利益は報酬であること）的理念不謀而合。

四十幾年前，在那個年代，不會有人強調適當利潤，反而是強調最大利潤，因為企業的責任就是為股東創造最大的利潤。

我們用「適當利潤」的觀點，形成我們內部的規章制度。適當指的是「適宜」與「正當」。什麼叫做適宜？什麼叫正當？若同仁有欺瞞客戶的行為，那就不是正當。適宜是收取合宜的報酬，比方說，我們分店的獎金，就經紀人來說，一筆交易的佣金收入百分之八是他的獎金，另外有百分之四則是團體獎金，要跟店裡的同仁分享。

這在業務行業很少見，因為就業務來說，最好把獎金拉高至百分之三十、百分之五十，重賞之下必有勇夫，可是，他有可能為了獎金，去傷害客人的權益；或是因為高獎金，不想跟同事分享，同事也不會想要幫他忙，甚至互相搶客戶，進一步就會產生爭執，造成低效率與不信任。

其實，人類追求利潤是很正常的事情，但若把利潤觀看長一點，看廣一點，同仁合作，效能就會高，你跟客戶的信任度也會高。狹義看來，分紅比例比較低，可是實際上，較低的分成比例，透過信任的方式把餅做大，其實會有較高的所得。

貫徹共存共榮的哲學

談及企業對社會的貢獻，我認為企業應該是要在營運過程中，去思考如何照顧好同仁的權益、顧客的權益，如何去照顧好這個社區、民眾，這才是真正的社會責任。我們的「立業宗旨」提到服務社會大眾，用現代的話來說，就是顧客、同仁、股東這些主要的利害關係人。

談及利潤與企業社會責任的平衡，信義房屋在二〇〇四年開始實施「社區一家」計畫，全省的三六八個鄉鎮市區都有來提案過，支持兩千多個社區進行改造。之後，分店也在所屬社區提供各種社區服務。

正因在社區營造很有經驗，建設開發部門在大陸蓋房子，就把「讓買房的人先成為熟人，再成為鄰居」的社區營造觀念放進來。

我們在大陸經常聽到，鄰居之間互不相識，生活習慣不同，相處時可能產生摩擦。因此我們先在交屋的前一年，安排住戶參觀工地時，先幫他們組成一個群，交屋以後，再幫他們建立好幾個社團，教導社團的議事規則與舉辦活動，彼此關係比較和諧，這就是很典型的「讓買屋的人，不只買到一棟好房子，也買到一個有好鄰居的房子。」好鄰居不是天生的，是必須去營造出來的。

這就像松下書中所寫的，企業追求利潤，並非最終目的，企業經營的根本，在於透過事業提升公共生活品質（共同生活の向上）；而利益僅是履行這個使命不可或缺的手段。當你真的提升了社會的品質，利潤會隨之而來。不管任何行業，只要符合了顧客的需求，照顧好客人，他當然願意跟你交易。

水庫式管理

我們始終秉持「有多少店長，開多少店」觀念在拓展分店，這正好可以呼應松下幸之助提出「水庫式管理」（ダム経営）的哲學。

我們不會說房地產市場正熱絡就多開分店，或者說有新的重劃區就進去開店。我們是把內部的人才養成了以後，有這個能力去帶領好一個店，才開分店。其優點在於，就是跟著人才的水庫，來決定開店的多寡，如此開出來的分店，穩定性會比較好。

另外一個水庫式管理的落實，是自一九九九年申請股票上櫃，二〇〇一年上櫃轉上市到現在，已經有二十六年了，我們從來都沒有現金增資過，在資金方面保有餘裕。

當時，要上櫃的時候，審議委員覺得很奇怪，如果沒有資金的需求，不需要來上櫃，根本不用來申請。而且，各位可以想像，一九九九年的時候，房仲業怎麼可能上市、上櫃？

可是我們第一次送件時，審議委員就同意了，因為我們在一九八七年，只有兩個分店的時候，就請當時臺灣前八大的眾信（Deloitte）會計師事務所（後經合併為勤業眾信——臺灣前四大會計師事務所）建立完善的財稅與會計制度，當時會計師事務所也很納悶，覺得我們規模那麼小，甚至付不起那個錢（十萬多元的服務費用相當一個大學畢業生的年薪）。

然而我始終相信，企業所謂的誠信，最後是呈現在財務會計上，要能公平、公開、公正地被檢驗，才談得上誠信。等到上櫃的時候，審查委員發現，信義房屋做得很符合規範，這是基於「水庫」理念所做的儲備。

臺灣證券交易所舉辦連續十一屆的公司治理評鑑，一一三年度的結果日前才公布，一千零一十八家上市公司中（上櫃公司與上市公司分開評比），只有七家公司，連續十一年蟬連排名前百分之五，信義房屋是其中之一的公司。就是因為我們從兩個店的時候，用最嚴謹的方式建立完整的財會制度。

對立中尋求協調

最近，我們有些分店的人員結構出現變化，以前是資深的店長帶新人；現在，可能有店長來不到五年，卻有許多從店長職轉專業職的業務，有人有二十四年年資，有三個十二、十三年不等的年資。

這個時候，店長面對競爭與內部矛盾，就需重新再學習，調整管理的做法。松下也指出「對立中尋求協調」（対立しつつ調和すること）是經營智慧的一部分，如果我是資淺的分店店長，就更要去傾聽，了解他們的需求是什麼。

或許很多人說，這一代年輕人可能會躺平，或者說老人見多識廣，沒有什麼動力了。但我相信，真正躺平的人，不會出來上班；會出來上班，他還是有一些想法，小則想要出國旅行、結婚，或是想對父母有所交代；人還沒有退休，一定還是有想法。

今年初我們啟動「圓夢行動」，就是先了解同仁對「夢想」的想像，透過建立表單，讓他們去計算要服務到多少客人，才會有多少收入，具體落實在營運上的作為。舉例而言我們有年度出國旅遊，全店一起出國是很多店的共同夢想，像今年去澳洲旅遊，就很多同仁開心地帶著父母親，有人還帶了岳父母一起去，因為他成績夠好。有的店長帶著同事很努力，連分店祕書也能夠跟著一起去。

堅信必定成功

像我剛提到的，現在很多的學長不想走管理職，只想做專業職，松下幸之助的必成信念，就可以成為店長的圭臬。只要理念正確、方法得當，企業經營必能持續壯大。如果沒有必成信念，碰到問題時，就是讓問題來解決你，而不是你去解決問題。

這本書上提到以自然法則為基礎建立經營理念（根本は自然の理法に基づいています），能夠超越時間和地域的限制，放諸四海皆準。就像春夏秋冬，氣候有冷有熱，要將變動視為常態，如果有所準備，就能度過寒冬。

企業也有春夏秋冬，也有外部與內部環境的變化。就像我們一九九〇年遇到的危機，那一年股市從一萬兩千點跌到兩千點，可是信義房屋卻逆勢成長百分之五十。

為什麼能這樣？第一，你要有必成信念，既然不是全臺灣所有房屋交易都歸零，如果還有一半交易，為什麼不是我們做到的？因為我們提供的服務，照理講，我們提供的服務是最能夠被客戶接受。第二，用最大準備面對最大的挑戰，這也是松下幸之助所說，「與時代並肩」（時代の変化に適応すること）的精髓，必須因應時代變化不斷調整，亦即懷著「日日新」的精神。

信義立業，止於至善

我還想再分享的是，松下幸之助提出「首要之務是確立經營理念」（まず経営理念を確立すること），經營理念除了設立宗旨，還有經營使命，也就是願景。

我們的願景是希望有一天，有更多的人都成為信義人，更多的公司成為信義公司，這是我們經營的初心。

這個「信義」，不是專有名詞「信義房屋」、「信義路」的信義，而是回到普通名詞這兩個字。「義」是當為之事，該做的事情，「信」是把該做的事說到做到。

如果這樣的想法能夠影響更多的人，更多的公司，或者是整個社會，就可以從信義人、信義公司，到信義社會。用八個字講，叫「信義立業，止於至善」。用兩個字，其實就是信義。

歷久彌新，跨越時代

松下幸之助寫這本書時，正好是他創業滿六十年。這本著作並非松下幸之助個人的片面之見，而是他體會自然的法則與根據他經營實務所寫出來的。

對我們來講，再重讀這本書，真的是歷久彌新，書中所闡述的原則，禁得起歲月變遷的考驗，可以跨越這個時代，不管是年長或年輕人，都能夠去實用。

我們學法律的人有一句話，就是韓非子講的「法與時轉則治，治與世宜則有功」，法律也好，經營企業也好，一定要跟著環境變遷去改變。

所以，這本書具有高度實用性，尤其是文字不多，不見得一個晚上把它讀完，反而適合一篇一篇閱讀，甚至，每一段文字，可以停下來想一想，跟我的人生有什麼關係？跟我的工作有什麼關係？不管你是企業經營者、經理人，或者是從業人員，都能夠找到對自己的進用之處，所以我也誠摯推薦這本書。（文字整理：曾蘭淑）

序

まえがき

自我以微薄的資本創業至今，恰好六十年。六十年，以人的一生來說，就是所謂的還曆，亦即回到一甲子的本命年。生來體弱多病的我，還算健朗地帶領企業披荊斬棘地走到今天，實在是出乎意料的喜悅。而這六十年間，最初僅由三人起步草創的事業，承蒙各方人士的愛護與支持，今日已發展成包括關係企業在內，超過十萬名員工的規模。若說這是成功，確實是罕見的成就；對我而言，也是始料未及的成果。我由衷的心境，唯有滿懷感謝。

本書彙集了我經由這六十年來的事業經驗，所建立、實踐關於經營的基本想法，也就是企業的經營理念、經營哲學。提到經營理念、經營哲學，或許稍嫌嚴肅，但本書並非學術研究的成果報告，也不是經過系統性整理的論述，完全是我在實務中累積的經驗。我深信，若能秉持這些基本理念來經營，必能引領企業走向成功的道路。

適逢公司迎來六十週年，這不僅是回到本命年的重要時刻，亦可說是重新出發、邁向下一步的起點。我有幸出版此書，分享我對於經營的觀點與想法，供各界參考，也是一件別具意義的事，希望能獲得各位的賞閱。

昭和五十三年（西元一九七八年）六月

松下幸之助

1

首要之務是確立經營理念

まず経営理念を確立すること

六十年的企業經營生涯，商場上的種種經驗，讓我深刻體悟到經營理念的重要性。換句話說，就是對於「這家公司為何存在？要以什麼目的、又以什麼方式來經營？」這些根本問題，必須抱持堅定的基本信念。

在事業經營上，各方面都有許多必須注意的重要事項，技術至關重要、行銷不可輕忽、資金不可或缺、人才招募與培育也是一大要素。但最根本的，還是正確的經營理念。唯有以此為根基，方能真正靈活地運用人才、技術和資金，而各大要素在確立正確經營理念的環境下，才更容易孕育發展。

切身經歷六十年風雨，我更加堅信，明確的經營理念是企業健全發展的基礎。

但事實上，我並非在創業初期就擁有明確的經營理念。最初，我與妻子和小舅子三人以微薄的資本白手起家，單純是為了生計，對「經營理念」可說一無所知。既然要做生意，自然會思考怎麼做才能成功。但那時只是遵循社會的常識，也就是商業上的普遍觀念，例如「必須做出好的產品、努力學習、重視客戶、感謝供應商」等，並全力將這些想法付諸實踐。

我以這樣的態度經商，生意慢慢上了軌道，隨著業務擴張，員工人數也逐漸增加。這時，我開始思考「僅僅遵循所謂的常識是不夠的」。我的意思是，遵循商業上的普遍觀念和社會常識固然重要且值得稱許，但除此之外，是否該進一步思考更高層次的「生產者的使命」，即經營這個事業的核心價值。

於是，我將自己長年摸索出的答案向員工發表，並從那時起，以此作為企業基本方針，引領公司發展至今。

那是在戰前的昭和七年（一九三二）。確立了經營理念，我的信念變得更加堅定，也更能坦然地與員工和客戶溝通，並付諸行動，實現強而有力的經營。此外，員工不僅對我的理念產生共鳴，同時衍生出強烈的使命感，積極投入工作。簡單來說，就像是為經營注入了靈魂。從那時起，公司迎來前所未有的發展速度，令我驚嘆不已。

遺憾的是，隨著戰爭爆發且日本戰敗，公司經營在戰後的混亂中陷入極為艱困的處境。然而，支撐我們走出低谷的關鍵力量，正是身為生產者的使命感，以及公司推動這項事業的核心經營理念。

無論是戰前抑或戰後，公司的經營理念基本上沒有絲毫改變。雖然具體的經營活動隨著時代變遷而有所調整，但創立之初所秉持的核心價值始終不曾動搖。在這份堅守下，我們幸運地贏得了社會的廣泛支持，才有機會成長到今日的規模。

戰後，公司逐步拓展海外市場，但相關經營活動的根基，與在日本國內的經營理念毫無二致。

儘管具體的經營模式，會因國情不同而略有調整，但根本的經營理念始終如一。我深信秉持這樣的態度拓展經營，必定能贏得他國認同，並獲得相應的成果。

我的個人經驗驗證了這個理念，而這不僅適用於我，也適用於所有類型的經營。

現代社會的企業規模各異，小自個人商店，大至擁有數萬名員工的大型企業。然而，我們往往將「經營」的概念局限於企業，而忽略了「經營」的廣泛意涵。

若進一步深入思考，「經營」不僅僅適用於企業，更涵蓋個人的人生規劃、團體組織的運作，乃至國家的治理。

無論是何種形式的經營，都需要思考兩個基本問題：「目標為何？經營之道為何？」

國家若建立起明確的治國理念：「要將這個國家引領到什麼方向？」各界各階層的國民就能夠以此為基礎，妥切地訂定個人及組織、團體的發展目標，進而展開積極行動。在國際關係上，也能基於堅定的方針，堅守原則，表達明確立場，同時靈活應對，適當協調以促進合作。

若國家缺乏明確的治國理念，國民將迷失方向，社會變得鬆散，國家在國際關係中也將失去自主性，成為搖擺不定的騎牆派。

因此，確立國家發展的核心理念，是國家穩定發展的首要任務。

同樣地，企業的健全發展也必須奠基於正確的經營理念。

面對瞬息萬變的社會局勢和層出不窮的挑戰，企業唯有堅守經營理念，才能做出正確且適切的應對。而一家企業的經營理念，也是凝聚眾多員工的意志，發揮團隊合作力量的基石。

因此，經營不能單純考慮利害關係，或一味追求擴大事業版圖。而是要以正確的經營理念，扎穩企業的根基。

堅不可摧的經營理念，必須建立在經營者所具備正確的人生觀、社會觀和世界觀的前提下。

因此，經營者平時務須涵養對自身、社會和世界的基本觀念與深入理解。

更進一步說，人生、社會與世界的正確價值，必須符合生命的真理、社會的法則與自然的規律。如果背離了基本的人生觀、社會觀與世界觀，就禁不起時間的考驗，由此而生的經營理念，也難以真正為企業注入長久的生命力。

歸根究柢，經營理念真正的起點，就在於這些社會法則與自然規律。從中萌芽的經營理念，雖然可能因應時代情勢，調整其變化運用的方式，但其核心原則，並不會因時代變遷而過時。

換句話說，以人類的本質或自然法則來衡量正確與否，並以此為基礎建立的經營理念，能夠超越時間和地域的限制，放諸四海皆準，這也是我多年驗證而來的心法。

因此，思索何謂自然的法則與真理，秉持基於正確人生觀、社會觀、世界觀的經營理念，才能成就歷久彌新、永續經營的企業。

2

凡事皆從萬物生生不息的角度思考

ことごとく生成発展と考えること

正確的經營理念，不應只是經營者主觀的臆想，而應根植於自然法則與社會規律。宇宙萬物生生不息，正是自然與社會運行的根本法則。這是一個極其廣大而深奧的議題，或許縱使窮盡人類智慧，也難以一窺全貌。然而，我認為這正是經營理念的核心所在。

我們所置身的大自然、浩瀚的宇宙，從無限的過去到無限的未來，生生不息地變化；人類社會與人類的共同生活，也同樣在物質與精神層面上依循著自然規律，不斷演變。

宇宙的運行、社會的流變，皆遵循「生生不息、永續發展」的法則。企業經營亦應順應此理。我的經營理念，正是源於對此一法則的深刻思考，並以之為根基所建立。

舉例而言，有人憂心能源即將枯竭，斷言幾十年後將面臨能源危機，甚至危及人類生存。

對此，我持不同的見解。的確，單一能源終有耗盡之時，但人類的智慧必將催生新能源，或找出替代方案。事實上，歷史早已證明。現代人口大幅增長，生活水準仍遠勝往昔，今日尋常百姓所享有的便利，遠非古代王侯貴族所能企及。

這正是自然的規律使然，人類也是在這樣的規律下誕生與演化。無止境的生成與發展，既是自然的鐵律，也是社會運行的準則。

倘若能源終將耗竭而導致社會困頓，企業經營也難以獨善其身，遑論擴張，甚至可能走向緊縮乃至終結。

然而，我們如能堅信宇宙萬物日新月異，持續前行，那麼前景自然充滿希望。儘管發展速度時有起伏，但人類社會整體向前的趨勢不會逆轉，與之相應的物資與服務需求也必將與日俱增。唯有如此，才能實現真正的發展。因此，企業唯有不斷開拓創新，持續投資未來，方能達到永續經營的目標。

當然，發展過程也伴隨著新事物的誕生與舊事物的消亡，這是整體演進不可或缺的一環。在企業經營上，我們固然需要考慮個別產品或產業的生命週期，但更應放眼整體發展布局，切勿因短期變化因噎廢食，捨本逐末。

總而言之，人類社會與自然宇宙皆生生不息地發展演進。企業經營作為其中一環，更應以此為根本認知，立足穩固的磐石之上，才能在各種挑戰與境遇中，構建堅實的經營基礎。

3

深刻洞察人的本質與特性

人間観をもつこと

經營由人所掌控。無論是擘劃藍圖的經營者、執行任務的員工，還是接受服務的顧客與利害關係人，都涉及人所主導的活動。也就是說，經營的本質乃是人與人之間互助合作，核心目的在於增進人類福祉。

因此，為求經營有道，必須深諳「人」的本質與特性。換言之，正確的經營理念必須奠基於對人性的深刻洞察。這不僅適用於企業經營，也可推及人生經營、國家治理，甚至是人類進行的一切活動。

倘若人類無法認清自己的本質，所作所為便難以真正地恰如其分。舉例來說，人類飼養牛馬等動物，若想妥善地照料牠們，首先必須正確認識牛、馬的天性、喜好與習性。唯有如此，才能提供適切的照護。

同樣地，人類也擁有與生俱來的特質，只是人類並非由其他物種豢養，而是由人類自身來經營彼此的群體生活。因此，為了以理想的方式維持並提升人類的共同生活，就須認清人的本質，也就是建立正確的人性觀。這正是經營之道的關鍵所在。

我個人的經營理念，也根植於我對人性的深刻體認。一言以蔽之，我相信人類是萬物之靈，其偉大與崇高無庸置疑。遵循生生不息的自然法則，人類不僅能自給自足，亦具備運用萬物的能力、促進群體生活發展與文明演化的能力。這種無止境的潛能，我認為正是人類本質的一部分。

綜觀歷史，對人類的觀點眾說紛紜。有的視人類為「萬物之靈」，讚頌其崇高偉大；也有視人類渺小卑微，不值一提。之所以形成如此兩極化的看法，或許是源於人類本身的多樣性。人類的確創造出現代的高度文明與豐富多彩的文化，然而，由古至今，也同時持續不斷地製造煩惱、紛爭與不幸。

因此，在西方思想中，也有「人介於神與動物之間」的說法。人類既擁有近似神性的光輝，也展現出比動物更卑劣的一面。

我並不否認人類在現實中所展現的各種樣貌。可以說，人兼具神性與獸性，並可朝向任何一方發展。然而，若我們從整體觀察人類這個物種，我依然驚嘆於人類作為萬物之靈的偉大本質。

「萬物之靈」這個說法，也許聽起來有些傲慢。但是，我所理解的「靈」，一方面擁有支配、活用萬物的權能，同時肩負著以慈愛與公正之心來善待萬物的責任。「人類是萬物之靈」的意義正是在此，絕非僅憑一己私欲或情感而恣意支配萬物。

人類唯有自覺這份與生俱來的偉大本質，並肩負起萬物之靈應有的責任，才能從煩惱、紛爭與貧困的泥淖中逐步解脫，彰顯人性的崇高與尊嚴。

現在，若將「人類」的角色暫且轉換為彼此的立場或工作，會是什麼模樣呢？

若是經營者，那麼他便是企業中的「靈」。經營者被賦予隨心所欲地運用企業中各項資源的權限，卻也同時承擔著一項重責大任：以慈愛、公正且充分周全的考量，激發每個人與每件事物的最大潛能，並推動整體企業持續成長與繁榮。

當經營者缺乏身為企業領導者所應具備權責的正確認知，企業便難以創造豐碩的成果。

正如人類遵循自然界生成發展的法則，並被賦予無限發展自我、與萬物和諧共處的權能與責任，使我們得以成為萬物之靈。唯有對此具備清晰的自覺，也就是以人類自身確立的人性觀為根基，經營者才能建立起作為一個獨立經營體的自我意識，進而孕育出以堅定信念為後盾的強大經營力量。

4

認清使命

使命を正しく認識すること

自然與社會法則皆遵循生生不息的發展規律。換個角度來看，人類彼此也在追求無止境的生成與發展。

具體而言，無論是食衣住行，抑或精神層面的充盈，人們往往都期盼在物質和精神上享有更富足、舒適的生活。儘管追求的內容因人、因時代而異，但幾乎每個人都嚮往更美好的生活。

舉例來說，若人們渴望居住在舒適的住宅，卻無人建造和供應這些住宅，這樣的願望就無法實現。此外，建造房屋需要各式各樣的建材生產與供應，而這正是透過企業經營彼此協作的結果。

企業回應人們提升生活文化的願望，並滿足這些需求，即是企業經營最根本的角色與使命。

這不僅適用於住宅，更涵蓋一切生活所需，甚至服務與資訊等無形資源。企業經營與企業使命，就在於不斷開發對人們生活有益、品質優良的產品與服務，並以合理價格廣泛供應，使其不虞匱乏。換言之，這正是「企業為何存在？」的答案，也是企業存在的意義。

各行各業供應的物資或服務內容雖有所不同，但與企業透過事業活動以提升社會生活品質的目標並無二致。若經營上背離這項基本使命，企業將難以壯大，更遑論永續發展。

社會上普遍認為，企業的目的在於追求利潤。關於利潤的觀點，我會於其他章節詳述。誠然，利潤是進行健全事業活動的必要條件。然而，利潤並非最終目的。企業經營的根本，在於透過事業提升公共生活品質；而利益僅是履行這個使命不可或缺的手段，絕不可本末倒置。

就這個意義而言，企業經營本質上並非個人私務，而是公眾之事。企業是社會公器。

當然，從形式與法律層面來看，的確存在所謂的私營企業，其中也不乏個人事業。但事業內容無不與社會息息相關，皆屬公眾事務。

因此，即使是個人企業，也不能單從個人立場或便利性來思考經營方針，而應時常思索，企業行為將對公眾生活造成正面抑或負面影響。

我總是一再捫心自問，我們的事業是否對社會大眾有所貢獻。

「倘若這家公司消失，會對社會造成任何負面影響？如果答案是否定的，代表這家公司對社會毫無助益，索性解散算了。儘管解散必然會造成員工與相關人士困擾，但這也無可奈何。作為一個擁有眾多員工的公共生產機構，我們不能允許企業對社會無所貢獻而繼續存在。」我常如此自我警惕，並用以勉勵員工。

事實的確如此。企業的使命在於提升大眾生活品質，以社會公器的角色經營事業。若企業活動一無成果，便失去了存在的正當性。唯有確實履行使命，才具有存在價值。

所謂「企業社會責任」，其具體內涵雖然會隨著時代與社會情勢而有所演變，但基本的社會責任是不變的——無論身處何種時代，都將透過本業，為大眾創造更美好的生活。
經營者唯有常懷這份使命感，才能確立企業經營依循的方向。

5

遵循自然的法則

自然の理法に従うこと

我常常被問及關於我的經營管理策略和成功經驗等問題，有時我會回答：「並沒有什麼特殊的訣竅，真要說起來，那就是順應『天地自然的法則』。」

經營絕非輕而易舉之事。經營者必須面對接踵而來的無數挑戰，必須兵來將擋，水來土掩；所需深思熟慮的事務包羅萬象，亟待處理的項目廣泛龐雜，要做到毫無差錯，實屬不易。但換個角度思考，也可以說經營非常簡單。因為企業經營，本就是依循自然法則而行，只要順勢而為，就能水到渠成。

提到「順應天地自然的法則」來經營，聽起來似乎玄妙莫測，但實際上卻是極為簡單明白的道理。例如，雨天撐傘，是再理所當然不過的常識。雨天不撐傘，必然會淋得一身溼，這樣的道理，人人皆懂。

企業經營對我而言，也正是如此——順理成章地做好那些應做的事，便是我始終堅持的經營思維與做法。只是，每個人都懂雨天撐傘的道理，一旦套用在經營或生意上，反而往往變得難以落實。

再舉個簡單的例子：一件成本一百元的商品，以一百一十元出售。如果仍以一百元售出，便毫無利潤可言，生意自然無以為繼。因此，商品的售價須高於成本。甚至從社會的客觀條件評估，認定一百二十元才是合理價格，那就訂價一百二十元。這就是順應自然法則的經營方式。

更進一步來說，僅僅完成銷售還不夠。商品售出後，必須確實收回貨款，才算真正完成一筆交易。這也是理所當然的要求。

我所謂「順應天地自然的法則」，就是在經營上做該做的事。只要確實做到這一切，經營自會步入正軌。就這個意義而言，經營其實並不複雜。

製造優良的產品，以合理的利潤與價格販售，並嚴格執行收款流程。照著步驟一一執行，就能取得健全的經營成果。

然而，實際經營時，卻會出現未能遵循這些基本原則的情況。姑且不論產品優劣，有些人為了達到宣傳等行銷目的，將成本一百元的商品以九十元出售，不但自己虧損，也干擾了市場秩序。

或者，即使以合理的價格販售，卻疏於收款，導致商品售出卻無法回收資金，帳面上雖有盈餘，卻陷入倒閉的危機。這種例子在現實社會中屢見不鮮。總結來說，未能做到該做的事，就是違背天地自然的法則。可以說，經營的失敗幾乎源自於此。

以我自身而言，我始終秉持「為所當為，不逾本分」的原則。雖然有時難免因判斷錯誤而偏離本分，未能克盡職責，或不慎逾越分際。但我始終相信，有所為，有所不為，才是經營之正道。

無窮盡的生成發展，是自然的基本法則。因此，凡事遵循自然的法則，就能走上通往生成發展的康莊大道。

若一味仰賴人類有限的智慧去思考執行，反而容易因違背自然而招致失敗。善用智慧才智極其重要，但更重要的是，遵循超越人類智慧的偉大天地自然之理，才是經營的根本之道。

6

企業獲利是
貢獻社會的報酬

利益は報酬であること

有些人對企業營利抱持負面觀感，但這樣的觀點未免過於偏頗。固然，若企業將追求利潤視為唯一目標，甚至背離自身使命，為此不擇手段，理所當然應該受到譴責。

然而，企業透過本業對社會做出貢獻，並從中獲取合理利潤，這兩者並不相斥，反而應視為一體兩面。甚至可說，合理獲利須視為企業善盡使命、創造價值後，社會所給予的回報。

這是什麼意思呢？消費者之所以願意購買一項商品，除了符合需求外，也因為他們認為該商品的價值高於其價格。舉例而言，若某樣商品售價一百元，通常代表消費者認為其價值至少是一百一十元，甚至一百二十元，才願意付費購買；反之，若認為其價值不足，比如僅值八十元或九十元，即使價格合理，消費者也未必願意買單。

從供應商的角度來看，就是以一百元的價格，出售價值一百一十元或一百二十元的商品或服務，這其中蘊含著一種奉獻精神。而企業的利潤，正是社會對這份奉獻的肯定與回饋。

更進一步說，企業若能以九十元的成本，打造出價值一百二十元的商品，再以一百元販售。那麼十元的利潤，便是對企業技術及努力與創新的肯定。

換言之，企業所提供的產品或服務中，蘊含愈多心血與奉獻，對消費者和社會的貢獻程度就愈大，回歸企業的獲利報酬自然愈高。儘管現實社會中仍存在利潤與實際貢獻不成比例的情況，但那終究是例外。以經營的本質而言，合理的利潤應視作企業實踐使命後的成果；反過來說，若長期經營卻無法產生利潤，也意味著企業對社會的價值創造不足，亦即未能達成企業所肩負的使命。

從另一個角度來看，無法實現利潤的經營，也是一種違反企業社會責任的行為。企業透過事業活動實現社會使命，並從中獲得合理利潤，兩者必須相輔相成。只要思考企業利潤的用途，便能明白其中的道理。

現今，企業獲利中相當一部分會透過法人稅與地方稅等名目上繳國家或地方政府。以法人稅為例，其金額約占國家總稅收達三分之一①。此外，扣除這些稅金後，剩餘利潤會以股利的形式分配百分之二十至三十給股東，這些股利也需要繳稅。以平均百分之五十的稅率來計算，約占利潤的百分之十至十五。因此，可以說將近百分之七十的利潤以稅金的形式回饋社會。正因為有這些來自企業的稅收，國家和地方政府才能推動教育、社會福利，以及各項公共建設等政策。換句話說，企業獲利不僅是自我成長的基礎，也是貢獻社會的一種形式。

因此，如果將企業獲利一概視為邪惡，以致所有企業都無法創造利潤，會發生什麼後果呢？無庸置疑，國家與地方政府的稅收勢必大幅減少，最終受害的還是全體國民。

---

① 注：依據日本財務稅收決算統計資料，一九八九年度法人稅總稅收金額占全國總稅收比率三三%、五四%，後為提升企業競爭力，日本政府積極降低法人稅稅率。

實際上，每當景氣低迷，企業出現虧損或利潤縮減，中央和地方政府財政往往也陷入困境，甚至出現赤字，引發各種社會問題。過往的歷史教訓，早已反覆證明利潤對社會穩定的重要性。倘若所有企業能穩定獲取合理利潤，即便在某些情況下降低稅率，整體財政仍可能保持穩健，確保國民福祉與社會建設持續推進。

綜上所述，企業獲利的重要性不言而喻。因此，在任何社會環境下，企業都應秉持誠信，致力於履行其既有使命，同時從經營活動中創造合理利潤，並透過稅金等形式回饋國家社會。這是企業不可推卸的社會責任。

一般來說，社會大眾會同情虧損的企業。我可以理解這是出於人性中的惻隱之心。然而，依上述的觀點可知，這種想法並不完全正確。既然獲得適當的利潤並將其回饋國家社會是企業的義務，那麼，企業一旦虧損就代表未能履行該義務。

除了回饋國家社會，企業在繳納稅金後，盈餘中的百分之二十至三十通常會以股利形式回饋給股東。如今，多數企業的股份由廣大的小股東所持有，有些企業甚至擁有數十萬名股東。當代企業的經營模式，正是透過募集股東的資金，進而推動事業的成長與發展。

因此，以穩定、合理的股利回報股東，不僅天經地義，更是企業不可忽視的社會責任。唯有如此，股東才能安心持有該企業的股票。試想，若有投資人仰賴股利度日，當企業減少或停止發放股利，將直接影響其生計，甚至衍生社會問題。站在這個角度，企業自然必須重視如何獲取合理利潤。

還有一點很重要。

那就是，企業若期盼對人類社會的永續發展做出實質貢獻，企業本身就須具備追求成長強化的能力。換句話說，企業須不斷進行研發與設備投資，以建構出足以因應日益變化增長的消費需求體制。

然而，研發與投資需要可觀的資金。對政府機構而言，或許可以透過徵稅來支應所需資金；但民間企業並無此條件，只能依賴自身營運籌措財源。為此，企業必須獲得並累積一定的利潤，作為未來投資的基礎。

實際上，企業利潤中超過一半會以稅金形式繳納，剩下約百分之二十至三十則用於股利發放，真正能夠保留在企業內部、作為再投資資金的比例幾乎不到兩成。以製造業為例，即使企業全年獲利達十億元，扣除稅金與股利後，實際可供內部累積的資本可能僅剩兩億元左右。假設企業銷售利潤率為百分之十，若要創造十億元的利潤，就必須累積一百億元的營業額。這意味著，即使營業額高達一百億元，企業為了達成使命，最終可供內部研發或投資新設備的資金可能僅剩兩億元。這是最低限度門檻，要是連這點程度的利潤都無法確保，企業亦將難以永續發展。

因此，我在事業經營上，始終將百分之十的銷售利潤率視為合理的利潤標準。當然，適當利潤的標準會因產業性質或企業所處發展階段而有所不同。但無論如何，從回饋國家與社會的稅金、提供股東的穩定股利，以及企業內部為實現使命所需的資本蓄積這三個面向來看，都能合理地推估出一個適當的利潤率範圍，並且必須清楚意識到，確保適當利潤，本身就是一項企業的重要社會責任。

與此同時，必須讓政府和一般大眾充分理解上述的利潤概念。

直至今日，仍有人將企業獲利視為損及國民福祉的行為，連中央與地方政府都受到這種觀念影響，以致研議出偏離現實的錯誤政策。而政策失當不僅會抑制企業利潤，稅收也將隨之減少，導致中央與地方政府陷入財政困境，社會與國民福祉也連帶受到影響。

誠然，過度利潤，亦即所謂的暴利固不可取，但合理正當的利潤既有助於企業自身的健全發展，也是整體社會穩健進步、乃至於提升全民福祉不可或缺的要素。企業經營者自不待言，政府與全體國民也應清楚地認清這個道理。

7

貫徹共存共榮

共存共栄に徹すること

企業是社會公器，其發展與社會繁榮息息相關。企業積極拓展業務固然重要，但目標不應局限於壯大自身實力，更應致力於促進社會的共同繁榮。當企業只顧自身興盛，便猶如無根之木，終難長久。唯有與社會共存共榮，方能獲得永續發展的動力。這不只是自然的法則，也是社會運行的常理，共存共榮本就是自然界和人類社會的本質。

企業在拓展業務的階段，必然與眾多利害關係人緊密相連，包括供應商、客戶、消費者、投資者（如股東、銀行等金融機構），以及所在地區社會等。企業經營應將利害關係人視為命運共同體，若一味追求自身利益而犧牲任何一方，必將遭到反噬，付出沉重代價。唯有兼顧各方利益，實現共存共榮，才能確保企業永續發展，邁向真正的成功。

以降低售價為例，當消費者要求降價時，企業往往會將壓力轉嫁給供應商。然而，企業不應只顧自身利益，而應設身處地、充分考慮供應商的經營狀況，確保對方在降價後仍能保有合理利潤。

我一向秉持這樣的經營理念。即使向供應商要求降價時，我也會明確表達出「不希望對方因此蒙受損失」的態度。若對方表示難以降價，我會親自前往對方的工廠，共同研討改善製程、提升效率等方案，協助他們在降價時仍能保有合理的利潤空間。正因如此，即使我提出降價要求，對方也多能坦然接受。

同樣地，我們應深入了解負責銷售商品的客戶，確保他們能獲得合理的收益。此外，制定合理的商品政策與銷售策略，讓消費者能以公平的價格購買商品，亦是當務之急。唯有如此，產業鏈各方才能獲得合理回報，實現互利共贏，進而形成良性循環。

此外，嚴格的收款管理也是關鍵環節。倘若輕率地通融客戶延後付款，表面上是體恤對方，實際上反而助長了客戶的拖延心態，造成企業收款鬆散，甚至影響自身經營。更嚴重者，此舉可能導致整個產業，乃至社會風氣趨於怠惰。相對地，嚴格的收款政策可促使客戶加強資金管理，按時付款，建立良性循環，促進產業與社會的健全發展。

簡言之，共存共榮的核心精神，在於設身處地為對方著想，將對方的利益與自身利益視為同等重要。

「優先考慮對方利益」或許知易行難，但至少應努力追求平衡。這不僅是利他的展現，從長遠來看，更是利己之道。唯有如此，方能實現真正的互利共贏，邁向共同發展的永續之路。

然而，最難以實現共存共榮的情況，莫過於同業間的競爭。同業間的競爭固然不可避免，而且往往非常激烈，容易演變成過度競爭。

良性競爭是好事，有助於激勵企業不斷提升產品品質，優化成本結構；反之，在缺乏競爭的環境下，產品品質和價格多半停滯不前，這也是不爭的事實。

因此，適度的良性競爭勢不可免，然而過度競爭卻危害甚鉅。所謂過度競爭，指的是企業為求擊敗對手，不計代價地以低於成本價傾銷商品，削價競爭，無視合理利潤。

若形成惡性競爭的循環，整個產業勢必陷入困境，甚至掀起企業倒閉潮。中小企業因資金有限，首當其衝；資本雄厚的大企業則可以強大的抗壓力，度過長期低價競爭，最終還可能壟斷市場，扼殺中小企業的生存空間。

企業因經營不善而退出市場，或許尚屬合理；但在良性的競爭環境下，有實力者能脫穎而出，則是產業健康發展的體現。相對地，過度競爭卻可能導致劣幣驅逐良幣，即使經營有方，若資本不足，也可能被淘汰。

如此一來，惡性競爭不僅會導致產業秩序陷入混亂，優秀企業也難以生存，更將對社會造成負面衝擊。此外，一旦企業無法確保合理利潤，稅收也將減少，進而影響國家財政。由此可見，過度競爭弊多於利，實為產業毒瘤。

因此，我們應積極投入良性競爭，群策群力，將遏止過度競爭視為產業發展的共同責任。特別是資本雄厚的大企業與產業領導者，更應率先垂範，自律自重。即便偶有中小企業陷入過度競爭，只要領導企業能堅守原則，即可穩定產業秩序，避免產業陷入混亂。

如同在國際社會中，即便小國之間爆發衝突，引起戰爭，只要大國秉持公正立場進行調停，便能有效控制局勢，避免戰火擴大。反之，當領導企業率先發動過度競爭，便如同大國捲入戰局，不僅將使產業陷入世界大戰般的混亂局面，還會導致產業發展停滯，信譽受損。

因此，要真正實踐共存共榮之道，仍需整個產業鏈共同努力，尤其大型企業應肩負起更大的社會責任，以身作則，引領產業走向健康永續的發展之路。

8

信任大眾的智慧

世間は正しいと考えること

企業以各種形式直接或間接地與社會大眾互動。因此，在經營過程中，企業必須重視社會大眾的想法和行為。

一旦企業輕忽且不信任社會大眾，就容易走向投機取巧的經營模式；相反地，若企業相信社會大眾的判斷，則會以正派經營為根本，致力於回應社會真正的需求。

我始終深信，社會大眾如同神明般睿智，這也是我一貫的經營信念。當然，個別來看，每個人的想法與判斷未必全然正確，輿論也可能受一時風向或趨勢影響。然而，即使個別情況或短期判斷出現錯誤，我仍相信從整體和長遠來看，社會大眾亦將以神明般的睿智，做出正確的判斷。

也因此，不正當的經營方式必將遭到社會的批評與抵制，而正派經營終會獲得社會的認可與支持。

信任社會大眾的智慧，能為企業經營者帶來莫大的安心感。試想，倘若世人缺乏判斷力，無法辨識真正有價值的事物，那麼即使再努力追求正道經營，恐怕也得不到應有的認同與回報，將是何等令人挫折與沮喪！

確實，每個人看待事物的角度不同，判斷也難免有失偏頗。但若因此就否定社會大眾的智慧，無疑將使企業經營迷失方向，徒增焦慮。

相反地，只要相信社會大眾終將看清事物的本質，我們便能專注於追求「什麼是正確的」，並持之以恆努力經營，最終必能贏得社會的認可。因此，我們應該信任社會大眾，毫不猶豫地為所當為。

自然法則和社會法則都遵循著永續發展的軌跡，而這也與社會大眾的需求一致。因此，只要我們從這個出發點思考，實踐「正確」的經營之道，自然能獲得社會的認同。我的經驗也證明了這一點：社會大眾確實能看見真正有價值的事物。

這令人感到無比的安心與振奮，就像昂首闊步在灑落陽光的大道上，步履篤定，胸懷信念與希望。

當然，誤解在所難免，當理念被曲解時，我們應設法積極溝通，化解誤會。平時也該透過公關活動和廣告等管道，持續向社會傳遞企業的價值理念、成果願景與產品資訊，讓大眾看見企業的真實樣貌。

切記，任何誇大不實的宣傳和過度包裝，即使一時奏效迷惑大眾，也終將被揭穿。表面光鮮的虛假，終究敵不過誠實經營的長遠價值。

正如美國總統林肯所言：「你可以暫時欺騙所有人，也可以永久地欺騙一部分人；但你不能永遠欺騙所有人。」林肯身為一代政治家，這番話雖是因政治有感而發，卻同樣適用於企業經營——唯有真實，才能贏得信任。唯有信任，才能成就長遠發展。

信任社會大眾的智慧，並努力讓正確的經營獲得認可，這才是企業通往永續發展的光明大道。

9

堅信必定成功

必ず成功すると考えること

企業要履行使命、貢獻社會，就必須穩健發展。倘若企業業績起伏不定，不僅難以充分實踐應盡的社會責任，對回饋社會利益、股東分紅、員工生計等各方面都將造成不良影響。

因此，無論面對何種局勢，企業都須穩定地創造佳績。另一方面，我始終相信，只要理念正確、方法得當，企業經營必能持續壯大。這是經營的根本原則。

自古以來，人們常說「勝敗乃兵家常事」或「謀事在人，成事在天」，認為戰爭的勝敗在所難免。同樣地，業績時有起落、盈虧交替，也是企業經營的正常現象。

儘管企業會因外在環境變遷，比如受到景氣循環或機運影響，導致獲利或虧損。但我認為，企業不應輕易受制於外部環境，而應秉持「必定成功」的信念，不論處在任何狀況下都須穩健前行。

不過，我並非完全否定「運氣」的存在。反而認為，在人與人之間、企業與社會之間，運氣的確在冥冥之中影響每個人的際遇。

我在事業經營上，正是抱持著這樣的態度一路走來。在順境時，我會心懷感激，認為「承蒙運氣的眷顧」；在逆境時，我則反躬自省，檢討「問題是否出在自己身上」。換言之，成功可歸因於運氣，失敗則須由自己承擔。

如果將成功全歸因於個人能力，容易變得驕傲輕忽，為下一次的失敗埋下伏筆。實際上，所謂的「成功」往往是結果論，過程中可能隱藏無數微小的失誤。若是未能及時修正這些錯誤，最終或將釀成重大的危機。驕傲狂妄會讓人忽視細微的警訊，若能抱持「成功是來自運氣」的思維，就能心存謙遜，不斷檢視並修正這些微小的錯誤。

反之，若將經營不順歸咎於運氣差，便無法從失敗中汲取教訓，也錯失了成長的機會。唯有認為「善敗由己」，才能深刻反省，找出改進之道，從挫折中找到成功的力量。而當這樣的思維內化為行動，便能主動排除潛在風險，降低失敗的可能，確保經營穩健向前。

以經濟不景氣為例，普遍而言，不僅整體產業的業績下滑，企業獲利也將隨之縮減。然而，這並不意味著所有企業都因此陷入衰退。

即使在低迷的環境中，仍有企業能穩步成長、維持獲利。我們在現實中不難發現，當大多數同業面臨虧損時，總有少數公司能逆勢而上，這正說明了經營方式的關鍵性。

由此觀之，企業業績下滑，究竟是受到外部景氣影響？還是自身經營策略的問題？這值得我們深思。經營方法千變萬化，只要善加運用，便能化險為夷，甚至在困境中開創新局。

因此，無論景氣變動，都應秉持「車到山前必有路」的信念，積極尋求解決方案，自然能收穫相對應的成果。

有別於景氣大好，不景氣時，市場對企業的經營模式與產品要求更為嚴苛。唯有真正優質的商品與策略才能贏得青睞。因此，對經營穩健的企業而言，不景氣不見得是危機，反而可能是突圍與進一步發展的契機，體現「景氣好時表現卓越，不景氣時更上一層樓」的企業文化。

要達到這樣的境界，平時務須貫徹「善敗由己」的信念，嚴格檢視自身經營方式，全力以赴完成應盡之責。只要做到這一點，除非遭逢戰爭或重大天災，否則無論外部環境如何變動，企業都能蓬勃發展，履行自身的使命與社會責任。

10

自主經營是企業的根本

自主経営を心がけること

經營的方法千變萬化，其中「自力經營」與「自主經營」的心態尤為關鍵。無論是資金、技術開發或各種經營層面，都應以自身力量為主軸。

戰後，日本經濟與企業迅速發展，一度趕上、甚至超越歐美。然而，回顧其發展歷程，實際在相當程度上仰賴外力支援。比如資金主要來自借貸，技術則泰半依靠引進歐美的先進技術應用。

當然，考慮戰後日本企業的處境，戰爭摧毀了一切，企業須從零開始復興並重建家園，依賴外力在某種程度上勢不可免。若非靈活借助外部資源，日本經濟恐怕難以發展至今日，國民生活水準的提升也將步履維艱。

我並非全盤否定或排斥借助外力，但企業的根本仍應立足在自力與自主經營。短期內借助外力，或許可快速收復成效，有時甚至是礙於情勢不得不為之；但長期依賴外力，會令人不自覺地鬆懈，長遠以來，還可能無法充分履行應盡的責任。此外，過度依賴外力也可能削弱企業體質，使其更容易受到外部環境變動的影響。例如，過度借貸的企業，哪怕只是利率微幅上調，都可能面臨業績下滑的風險。如此一來，企業便難以在任何情境下維持穩健發展，亦難實現「順境時順風高飛，逆境時逆勢成長」的經營目標。唯有在順境中保持警醒，在逆境中掌握機會，才能邁向更大的成功。

因此，在資金方面，企業應以累積自有資本為原則。相較於歐美企業，日本企業的自有資本比率普遍偏低，這固然與戰後特殊環境有關，但即便如此，仍有企業透過持續累積內部資金，達到與歐美企業並駕齊驅的自有資本水準。事實證明，即使在景氣低迷時，這些企業依然能夠保持亮眼的績效。

提高自有資本比率，除了仰賴國家政策配合，如稅制改革、票據管制等，更重要的是企業自身的努力。企業唯有深刻體認到「適當利潤」

的重要性，才能厚植實力，強化抵禦風險的能力。

技術層面亦是如此。過去，企業主要仰賴引進國外先進技術，但未來，除了持續引進外，更應加強自主研發，甚至反向將技術授權他國。

我認為，技術專利與技術訣竅不應由開發者獨占，而應以合理價格公開，讓更多人受惠。如此一來，從國家層面而言，不僅能減少重複冗餘的研發，還能推動整體社會的技術進展，促成良性循環。

然而，即便技術自由流通，企業仍應積極投入自主研發。能否成功做到這一點，將成為企業能否永續發展的關鍵。

自主經營，意味著在經營的各個層面皆以自身實力為核心。秉持這樣的理念與態度，在此基礎上充分運用必要的外部資源，方能創造更大的價值。此外，以自力為核心的經營模式，不僅有助於提升企業的市場信譽，也能進一步吸引更多資源與合作機會。這看似出乎意料，實則反映出現實社會的運作邏輯。

11

實行水庫式經營

ダム経営を実行すること

企業經營應以穩健發展為原則，只要策略得宜，無論何時何地，這個目標必然可以實現。而要打造這樣一個具備穩定韌性的企業，其中至為關鍵的理念就是「水庫式經營」。

水庫的功能顯而易見——攔蓄河水，調節供需，無論季節或氣候變遷，皆能確保人們用水無虞。

「水庫式經營」正是將此概念延伸至企業經營管理，在各個層面建立充沛的儲備，使企業如同水庫般，即便外部環境風雲變幻，仍能保有充裕的資源，維持穩定發展。舉凡設備、資金、人力、庫存、技術乃至於企劃和產品開發，每一環節皆應保有餘裕，以因應突如其來的挑戰。

換言之，企業應追求「從容有餘」的經營模式，重視未雨綢繆，防患未然。

以設備為例，企業不宜追求百分之百的開工率，而應設定合理的產能上限，確保即使在百分之八十或九十的產能下仍能維持獲利。如此一來，即便需求驟升，也能迅速調整產量，靈活應對。

資金亦然。若某項事業所需資金為十億元，企業不應僅備足十億元，而應預留額外資金作為緩衝，如十一億元或十二億元，以應對突發狀況。這正是「資金水庫」的概念。

同理，企業也可建立「庫存水庫」，隨時保有適當庫存以應對需求波動；建立「產品開發水庫」，持續投入新產品研發，以鞏固市場競爭力；甚至打造「人力水庫」、「技術水庫」，為企業運作提供更大的彈性與穩定性。

總而言之，「水庫式經營」旨在於各個環節儲備充足的資源，如同水庫般調節供需，在豐水期蓄水、在枯水期供水，即使外部環境變化劇烈，也能穩妥因應，確保企業持續運轉、穩健成長。

然而須注意的是，「設備水庫」與「庫存水庫」並不等同於設備過剩或庫存積壓。

若企業僅基於樂觀的銷售預測而盲目擴充設備與產能，最終因銷售不如預期，造成庫存積壓、設備閒置，這就不是「水庫式經營」，而是單純的經營預測偏差，非但無益，反而會成為企業的負擔。

真正的「經營水庫」，應建立在對「基本需求」的精準掌握之上，並預留百分之十至二十的緩衝空間，而非一味追求產能極大化。

換言之，設備過剩與庫存積壓皆可視為經營上的資源閒置，而基於「水庫」理念所做的儲備，表面上看似閒置資源，實則是保障企業穩定發展的必要投資，如同為企業未來買下一份保險，絕非浪費。

更重要的是，除了建構各種形式的「經營水庫」，企業更須具備「心態上的水庫」，即「水庫意識」。這代表須時時保有居安思危、預留餘裕的思維。

唯有秉持「水庫意識」，企業才能根據自身實際情況，靈活運用「水庫式經營」的理念，構思並建立起符合自身需求的「經營水庫」。

如此一來，便能打造出穩健發展、具備抵禦風險能力的「水庫式經營」企業。

12

量力而為，穩健經營

適正経営を行うこと

企業經營有賴於人，而非機器。每個人的能力與經營才幹各有差異，而人終究並非全知全能的神，能力自然有其限度。

因此，在拓展事業時，必須深刻認知自身能力的界限，在可控範圍內穩步經營。倘若貿然追求超出自身能力、甚至超出企業能力的龐大事業，往往會落得失敗收場，不僅無法實現企業原本的使命，還可能對社會帶來負面影響。

正因如此，經營者應時時銘記「穩健經營、量力而為」的原則，量力而為，讓企業真正成為對社會有所貢獻的存在。

若企業有意擴大業務、壯大規模，必須先精準掌握公司的綜合實力，包括技術、資金、銷售體系等，並據此審慎制定相關計畫。在這個過程中，能否認清自身及經營團隊的能力，將是成功的關鍵。

多年經商經驗，我見過無數企業的起落興衰。有些企業在創業初期經營得有聲有色，然而隨著業務規模擴大，卻逐漸陷入瓶頸。此時，若能當機立斷實施業務分拆，使原經營者專注於自身擅長領域，並委派合適的幹部負責其他部門業務，往往能開拓出雙軌並進的良性局面。

究其根本，關鍵仍在於經營者的管理能力。管理五十人的團隊或許還游刃有餘，但當組織擴增至百人以上規模時，若領導者能力不足，反而會導致企業績效下滑。因此，採取公司或業務分拆，讓每位經營者專注於自身最能駕馭的領域，才能引領企業重回成長軌道。

當然，實際執行「業務分拆」並非易事。此時，不妨考慮維持單一公司架構，改由部門獨立運作，並賦予各部門負責人充分的決策權，使其如同獨立公司般自主營運，同樣能達到提升整體效率與組織靈活度的目的。

我於公司導入的事業部制度，正是在這樣的背景下應運而生。隨著公司業務蒸蒸日上，新的事業領域接連開展，我個人已難以全面掌握所有細節。因此，我決定為每個領域遴選合適的領導者，並將從生產到銷售的完整營運權責託付給他們，使其如同獨立公司般運作。如此一來，不僅有助於提升公司整體經營效能，也為日後人才擴編與業務拓展奠定堅實的基礎。

組織架構的設計應視公司實際情況靈活調整，但建議以經營者的管理幅度為基準，採取獨立事業體的模式逐步推動業務成長。在規劃組織時，應將各部門的規模納入考量。畢竟每位經營者的管理能力不盡相同，而且個人的能力亦會隨經驗提升，因此不必過於僵化，而應視實際情況彈性因應。

一般而言，能有效管理一萬名員工的經營者屈指可數，而具備管理千人規模團隊的領導者則相對容易尋覓。換言之，即使是規模龐大的企業，與其以一萬人為單位規劃組織，不如將一千人作為基本參考值，如此更能有效配置人力。當然，這並非硬性規定所有部門皆須固定於千人規模，而是提供一個可操作的參考基準，據以招募適任的管理職，帶領組織發揮最大效能，促進整體業務持續成長。

總而言之，企業應深入掌握自身及幹部的經營實力，綜合評估資金、技術、銷售等各方面條件，擬定務實可行的成長策略。切勿操之過急，而是務實穩健地擴展事業版圖。我個人始終秉持這樣的原則，也深信這正是企業永續經營的核心哲學。

這種不勉強、量力而為的經營態度，正如同「龜兔賽跑」中的烏龜，一步一步穩紮穩打，向前邁進。儘管看似緩慢，卻能避免躁進所帶來的風險，也不會因遭遇挫折而就此停滯不前。持之以恆地累積終將聚沙成塔，超越急於求成的兔子，迎來最終勝利。

13

專注本業

專業に徹すること

企業經營的發展方向大致可分為「多角化、綜合化」與「專業化」兩種路徑。以我個人而言，原則上以專業化為主，集中資源深耕特定領域。當然，這只是我的原則，並非全盤否定多角化與綜合化的可能性。

一般而言，專業化往往能創造更佳的成果。也就是說，企業若欲發揮經營能力、技術實力和資金等各項資源的最大效益，集中資源、聚焦經營，往往比分散投資更能創造佳績。企業經營始終處於激烈的市場環境中，若將有限的資源分散投入多種領域，並期望在每個領域都取得領先地位，除非擁有超群的實力，否則難度極高。

反之，即使不具備強大的綜合實力，只要將資源集中於單一事業，專注精進，亦能在專業領域中取得傲人的成就，甚至超越大型綜合企業。許多中小企業便是透過對特定領域的深耕，在市場上占有一席之地，有些企業甚至憑藉單一產品或服務揚名國際。

多角化經營固然是一種常見的經營策略，藉由發展多個事業部門，即使某一部門業績不佳，也可仰賴其他部門的收益維持整體營運穩定。我並非否定多角化經營的價值，但若因此產生「即使某部門失敗，也能由其他部門彌補」的安逸心態，則可能不利於企業的長遠發展。此外，多角化是否真能讓各部門皆如專業化經營般蓬勃發展，也值得深思。

我認為，企業應將有限的資源集中於單一事業，力求在該領域做到極致，方能建立難以撼動的競爭優勢。必要時，即使同時經營兩項事業，也應果斷地選擇其中一項，集中資源全力發展。

當然，實際經營中仍須考量市場需求及多元因素，有時確實須兼顧兩項甚至更多事業；或因單一事業的延伸而開展相關業務。在此情況下，企業亦可適度拓展業務範圍，但仍應盡可能採取專業化、獨立化的經營模式，賦予各事業部門充分自主權，猶如獨立公司般運作。每個部門皆應力求在自身領域中達到無可取代的地位，而非仰仗其他部門支撐營運。

如此一來，即便形式上為綜合經營，實質上也已做到專業分工，如同多個專業獨立公司組成的集合體。然而，在實務運作上，即使採取上述的模式，各領域的表現仍往往不及真正的獨立專業公司。因此，企業更需在理念與執行層面，強化各部門的獨立性，落實專業分工，使整體營運更具效率與彈性。

14

用人之道

人をつくること

人們常說：「事業的成敗，取決於人才。」這句話道出了企業經營的真諦。唯有不斷網羅並培育合適人才，企業才能蓬勃發展，基業長青。即使是擁有輝煌歷史與悠久傳統的老字號，若後繼無人，終究難逃衰落的命運。

完善的組織架構與先進的經營方法固然重要，但真正賦予制度生命與價值的關鍵，始終在於「人」。即使建立起完善的組織，引進創新的方法，倘若缺乏合適的人才，也難以發揮預期效益，企業的使命最終也將淪為空談。企業能否持續成長、貢獻社會，完全取決於是否擁有並善用優秀人才。

幾十年前公司草創初期，規模尚小，我便經常告訴員工：「如果客戶問起：『你們公司製造什麼樣的產品？』你們應該回答：『松下電器製造的是人才。我們生產電器產品，但更重視培育人才。』」

公司的目標固然是生產優良產品，但要達成這項目標，首要之務便是培育出足以肩負重任的人才。我相信，只要合適的人才到位，優良的產品自然水到渠成。當時或許是年輕氣盛，才慷慨激昂地誇口說出這番豪語。但無論是否公開暢談，這番話所體現的理念——「以人為本」，幾十年來始終是我所奉行的經營理念。

那麼，究竟該如何培育人才？具體方法不勝枚舉，但最重要的是，企業上下必須對「企業存在的意義為何？應該如何經營？」具備清晰且一致的認知。換言之，人才的養成，必須奠基於我先前提到的正確的經營理念與使命感。

當企業具備明確的理念與方針，經營者和管理階層便能據此提供一致且有效的指導，員工也能遵循共同的準則做出正確判斷，如此一來，人才自然就能成長茁壯。反之，若企業缺乏核心價值，對部屬的指導就會缺乏一致性，容易隨情勢或個人情緒而搖擺不定，導致員工無所適從，人才的培育也將淪為空談。因此，作為一名經營者，若期盼培育優秀人才，首要之務便是建立堅定的使命感與經營理念，並將其深植於企業文化之中。

經營理念不能只是紙上談兵，經營者必須不斷向員工重申、持續傳遞，透過各種形式內化於組織，才能真正發揮作用，成為組織的行動依據。

更重要的是，經營者不僅要宣揚理念，更要在日常工作中以身作則，身體力行。面對不當的行為，該批評的就應批評，該修正的就應修正。

坦白說，我並不喜歡斥責或批評他人，也盡可能避免這麼做。但既然企業是為社會服務的公器，企業中的工作即是公務，而非私人情感的延伸。因此，我必須站在公正的立場，對於不可忽視、不可容忍的作為，勇敢發聲，提出必要的批評與修正。這並非出於情緒化的指責，而是基於使命感，以及促進公司和員工發展所提出的忠告。唯有如此嚴格要求，才能敦促員工反思、成長，進而提升整體績效。

若一味地迴避批評或修正部屬的錯誤，雖可圖得一時輕鬆，但持續放任這種安逸的態度，難以建立真正有戰力的團隊。與此同時，放手讓員工承擔責任，使其在職權範圍內培養自主思考與解決問題的能力，也是培育人才的關鍵。

培育人才的目標，是培養具備經營者思維的人才。即使執行看似微不足道的工作，也能以經營者的角度思考問題，發揮主觀能動性①。因此，切忌凡事由上司下達指令，鉅細靡遺地指示員工執行，如此一來，只會扼殺員工的創造力與思考力，並養成唯命是從、缺乏獨立判斷的習慣。唯有放手讓員工承擔責任、獨當一面，他們才能主動思考、深入鑽研、充分釋放潛能，在實踐中成長為足堪重任的人才。

我所創設的「事業部制度」，即是將此理念制度化的具體成果。根據我的經驗，這項制度在人才培育上產生積極作用。我始終秉持著這樣的理念，並將其貫徹到企業經營的各個層面——在事業部這個經營單位之外，也延伸至每一個工作崗位，賦予員工更多自主權與發揮空間。

當然，當大部分業務權責下放至部屬時，經營者必須明確掌握基本方針。否則，員工將各自為政，以致整體運作失衡，走向分崩離析的危機。授權，絕非放任，而是立基於特定且一致的方針之上。

因此，公司的基本方針與經營理念可謂舉足輕重。唯有全體員工都以此為準則，才能在各自的崗位上自主開展工作，共同構築穩健有序的經營體系。

此外，在人才培育的過程中，必須格外留意，不能只關注員工的工作能力與技術水準。

專業技能固然重要，是員工應具備的基本條件，但更不可或缺的是高尚的品格，如此方能成為稱職的社會公民。

---

① 注：透過思維與實踐的結合，主動、自覺、具目的性且有計畫地作用於外部。

如果一個人在工作表現上相當出色，卻在人格修養上有所缺失，那麼在當今社會中，實在難以被認為是合格的企業員工。尤其在全球商業脈動日趨深化，企業國際活動緊密相依的當下，員工的社會責任感更顯重要。

當然，人格與社會責任感的養成原本應屬家庭和學校的責任，但現實情況是，企業在其中所扮演的角色日益關鍵，而且重要性只會愈來愈高。因此，在人才培育上，必須同時重視員工的職業素養與社會責任感，致力於培育兼具專業能力與良好品格的優秀人才。

15

集結眾人的智慧

衆知を集めること

集結眾人的智慧、讓全體員工參與經營，是我身為經營者始終堅持並付諸實踐的理念。我深信，愈能充分發揮全體員工的集體智慧，企業便愈能蓬勃壯大。

我之所以重視這一點，一方面是因為自認學識淺薄，因此做任何決策前都必須廣納建言，借助眾人智慧。可以說，這也是一種「窮則變，變則通」的思維。

然而更重要的是，我認為，無論一個人的學識多麼淵博、能力多麼卓越，都不能輕忽集思廣益的價值。不願虛心聽取他人意見，便無法看得更廣、走得更遠，也難以真正邁向成功。

畢竟，再優秀的人才，也無法像神明般無所不知、無所不能。個人的智慧與經驗終究有限，若僅憑一己之見行事，往往容易陷入盲點、顧此失彼，最終導致失敗。正所謂「三個臭皮匠，勝過一個諸葛亮」，集結眾人的智慧，才能突破個人局限，做出更全面、周延的判斷與決策。

當然，這並不代表事事都須透過開會來決定。儘管會議在某些情況下是必要的，但冗長的討論過程反而可能降低決策效率。如同日本歷史上著名的「小田原評定」，面對豐臣秀吉圍攻，後北條氏的重臣對於是否出城迎戰或固守待援展開激烈的爭論，由於遲遲未能做出決定而錯失最佳應戰良機，導致後北條氏滅亡。類似的情況在現代職場也屢見不鮮——過於頻繁的會議不僅會拖慢進度，也消耗大量的時間與人力成本。規模較小的企業或許還可大小事透過會議商討，但在大型企業中幾乎不可能這麼做。

因此，比起形式上的會議，更重要的是經營者的心態與日常積累。經營者應深刻理解集思廣益對企業運作的價值，並在日常工作中積極營造出開放、尊重多元觀點的職場氛圍，鼓勵員工暢所欲言，表達不同觀點。如此一來，即使最終決策仍由經營者拍板，也是融合集體智慧的結晶，決策品質也將更具深度與前瞻性。

除了廣泛聽取不同意見，經營者應適度授權，讓員工在各自的職權範圍內發揮獨立思考、自主決策的主動性，這也是運用集體智慧、提升組織效率的有效途徑。

如此一來，每位員工都能在各自的崗位上，將個人智慧發揮到極致，企業整體便能真正受益於團隊的集體智慧。尤其隨著組織規模擴大，經營階層的決策固然需要集思廣益，但若能在具體的業務執行上充分信任並授權現場人員，不僅能激發更多創意與活力，也能釋放出更大的組織能量。

無論如何，至為關鍵的一點：集結眾人智慧的同時，也要堅守自身主體性。假使聽到某個意見就覺得「他說得對」，聽了另一個意見又覺得「他說得也有道理」，這種搖擺不定的態度，反而可能讓決策失焦，影響判斷。真正有效的集思廣益，應是在堅持自身判斷與方向的基礎上，虛心聆聽他人的觀點。換句話說，唯有在保持經營者主導地位的同時，善用團隊智慧，才能真正發揮集體智慧的價值。

16

對立中尋求協調

対立しつつ調和すること

一直以來，勞資關係就是企業經營中至關重要的議題。勞資關係若處理不當，不僅會妨礙企業發展，嚴重時甚至可能導致企業倒閉；相對地，擁有健康、互信的勞資關係，往往是企業持續成長與穩健經營的基石。因此，對經營者而言，如何與工會建立良好的溝通機制與勞資關係，可謂攸關企業成敗的課題。

那麼，經營者應該如何看待勞資關係？從根本來說，經營者應當充分理解工會的存在意義與價值，並在此基礎上尋求勞資雙方共贏，進而推動企業進步。換句話說，就是對「成立工會」抱持正面、開放的態度，並視為企業健全治理的一環。

當然，現實中的工會並非完美無缺，有時也會出現過度激化對立的行為。面對這樣的工會，感到困擾、甚至希望工會消失，也是人之常情。

然而，從宏觀的角度來看，工會的存在，不論對企業抑或整個社會，都具有正面價值與深遠意義。

工會的起源可追溯至歐美資本主義初期，是當時為了對抗資方壓迫、保障並提升勞工權益而誕生的組織。工會透過集體行動，督促企業改善勞動條件，進而提升國民整體生活水準，也促進了社會進步。

倘若沒有工會為勞工發聲，那麼即使經營者再怎麼體恤員工，也難免因缺乏制衡機制，最終損害勞工的基本權益。可以說，沒有工會，勞工福利與公平保障就不可能達到今日的水準，社會也難以走到如此的發展。

因此，我們應充分理解，工會的存在及其健全發展，無論對企業還是整個社會，都具有重要的意義。

在這樣的認知基礎上，我反覆思考：具體來說，經營者應該如何與工會共處？我的答案是「對立與協調」。簡言之，企業與工會的共處之道在於對立中尋求協調。

其實，仔細想來，自然萬物不都是在對立中尋求協調嗎？日月星辰、山川河流乃至人類社會，萬事萬物各自具有獨一無二的特質，並以此彰顯自身存在，這就是對立。日月彼此對立，山川彼此對立，男女彼此對立，世間萬物皆是如此。然而，天地萬物並非僅僅停留在對立的層面，而是在對立的同時，相互依存、相互調和，共同構成大自然和人類社會的秩序與平衡。

因此，對立與協調是自然的規律，也是社會運行的根本法則。勞資關係亦是如此。企業，或者說經營者，專注於發展業務，履行社會責任；工會則致力於提升員工的社會地位與福利待遇，促進勞動者的責任意識。雙方角色不同，目標各異，因此即便薪資等勞動條件上出現分歧，仍符合勞資雙方的定位與利益訴求。

然而，當勞資雙方長期僵持在對立狀態，勢必阻礙企業發展，甚而導致企業無法充分持續履行其社會責任，最終員工也難以受益。因此，勞資雙方唯有在求同存異的基礎上，尋求更大的合作空間，才能實現互利共贏。

從本質來看，撇除個別差異，企業與工會的利益緊密相倚，如同唇亡齒寒。企業若無法穩健發展，工會所追求的勞工福利就缺乏穩固的基礎，無以為繼；反過來說，若員工福利始終未獲改善，也會影響工作積極性與生產力，企業的成長因此受限。尤其在日本終身雇用制與企業工會的環境下，勞資雙方更是命運共同體。企業若經營不善甚至倒閉，員工的生計也將受到威脅。

歸根究柢，企業和工會的目標是一致的，只是著眼的角度不同。勞資雙方在某些議題上雖存在分歧，彼此對立，但在大方向上則需攜手合作，共謀對策，才能創造互利共贏的局面。因此，經營者須具備「對立中尋求協調」的思維，並向工會與員工真誠地傳達此一理念，努力建構和諧穩定的勞資關係。

此外，勞資雙方的力量平衡也值得關注。理想狀態是雙方勢均力敵，如同天平的兩端，保持平衡才能穩定發展。若站在各自的立場，或許會認為自身力量愈強大愈有利，但事實並非如此。力量強大的一方，或許能一時占據優勢，但長此以往，容易變得專橫跋扈，導致弱勢一方心生反抗或失去工作熱忱，最終不利於勞資關係的和諧發展，也必然損及企業的長遠利益。

勞資雙方就像汽車兩側的輪子，如果一大一小，就難以順利前進。輪子必須大小相同，齊頭並進，企業這部車才能暢行無阻。因此，力量強大的一方，應主動協助力量較小的一方成長，使雙方力量達到對等。唯有如此，才能在對立中尋求協調，建立良好的勞資關係，促進企業發展，提升員工福利，最終實現真正的企業榮景。

17

經營即藝術

経営は創造であること

我始終認為，「經營」是一件極具價值的事，甚至堪稱一門精妙藝術。

或許有人會覺得，將經營與藝術相提並論有些不倫不類。一般人提及藝術，多半會想到繪畫、雕塑、音樂、文學、戲劇等領域，屬於精神層面的創作範疇；經營則往往被視為物質層面的世俗事務，屬於現實層面範疇。然而，如果將藝術定義為一種創造性的活動，那麼經營正是創造的精髓所在。

舉例來說，優秀的畫家會先在內心構思畫面，接著在空白的畫布上揮灑顏料，完成一幅畫作。而完成的畫作，不再只是畫布與顏料的堆疊，而是自畫家靈魂躍動而生的藝術品，是無中生有的偉大創造。

那麼，經營又是如何呢？經營者首先從零構思事業藍圖，規劃發展方向，接著籌措資金，建立工廠等設施，招募團隊人才，進一步研發與生產，並將產品推向市場，滿足社會的需求。這整個過程，如同畫家創作藝術品般，是一場連續不斷、充滿創造力的革新。

的確，單從形式上來看，經營似乎只關乎生產與銷售。但實際上，每一個環節都凝聚著經營者的眼光與判斷，背後蘊藏的是無數決策與創新的累積。在這層意義上，經營者的創造與畫家、音樂家等藝術家創作，有著異曲同工之妙，因此將經營視為一門「藝術」，可謂實至名歸。

此外，經營的範疇極其廣泛，即便只看企業內部的職能領域，也涵蓋了研發部門、依據研究成果生產商品的製造部門、將商品銷售至通路或客戶手中的業務部門、原物料的採購部門，以及會計、人事等後勤部門。攸關經營的每一個領域都需要創意與革新，而要統籌整合、協調運作這些領域的經營本身，的確是一種宏大的創造物。

由此可見，經營如同藝術，但並非像繪畫或雕塑那樣單一的藝術形式，而是包羅萬象的綜合藝術，如同一部交響樂，融合了繪畫、雕塑、音樂、文學等各種藝術形式，共同譜寫出企業發展的壯麗樂章。

更重要的是，經營是動態的，處於不斷變化的狀態之中。社會與經濟情勢瞬息萬變，經營者必須敏銳地感知這些變化，靈活應對，甚至要預判趨勢，超前部署。因此，經營並不像繪畫，完成後即是一幅靜態作品；經營更像是一場永無止境的演奏，不斷地生成、發展、演變，其過程本身就是一件充滿生命力的藝術品。從這個意義來說，經營是一種動態且生生不息的綜合藝術。

當然，我並非指稱經營凌駕於其他藝術形式之上。藝術能豐富人們的情感、陶冶情操、提升心靈境界，其價值無庸置疑。我只是想強調，經營同樣具有與藝術比肩的崇高價值，值得我們敬畏與尊重。

然而，即便是藝術，作品的價值也並非千篇一律。無論繪畫、文學或音樂，都有令人深深動容的傑作，也有乏善可陳的平庸之作。

儘管以金錢來衡量藝術品的價值未必妥當，但作為參考，同樣是藝術創作，價值也可能天差地別。一幅畫可能價值連城，也可能乏人問律。這種情況不限於繪畫，也適用於所有藝術形式，在經營領域亦然。

有的企業經營如藝術傑作般令人驚嘆，有的則如劣作般黯然失色。因此，即使將經營比喻為生生不息的綜合藝術，也並非所有經營都能當之無愧。

工廠設施、產品品質、銷售策略、人才培育、財務管理……每個環節都必須精益求精，而當這些要素所構成的整體經營，展現出企業的核心理念與精神時，這樣的經營才堪稱藝術。

畫作的優劣會造成其價值的巨大落差，經營也是如此。但不同的是，一幅畫若是劣作，頂多只是無法感動人心，不致造成多大的危害；而經營的失敗卻可能帶來巨大的災難。最極端的情況就是企業倒閉、破產，不僅經營者血本無歸，員工失業，還會牽連上下游廠商，對社會造成衝擊；相對地，成功的經營則能促進經濟發展，創造就業機會，為社會做出巨大貢獻。

因此，身為「經營藝術家」的經營者，遠比一般藝術家肩負起更沉重的責任，也更有義務創造出優秀的作品，為社會帶來正面影響。

我對藝術的了解有限，但據說，要成為一位出色的藝術家，必須經年累月刻苦訓練，在創作時投入全副身心，追求極致。唯有如此，才能創作出動人心魄、流傳後世的佳作。

同樣地，若要在經營上創造出堪稱「生生不息的綜合藝術」，經營者須付出的努力絲毫不亞於藝術家，甚至更為艱辛。若少了這份付出，卻妄想取得輝煌成就，就如同光憑三分鐘熱度便期盼畫出曠世名畫的心態，顯然不切實際。

經營是一門生生不息的綜合藝術，也是一項崇高的事業。經營者必須深刻認識經營的價值與責任，以身為經營者為榮，並全力以赴，方能不辱使命，締造社會福祉。

18

與時代並肩

時代の変化に適応すること

正確的經營理念，應當超越時空限制，放諸四海皆準。畢竟經營的本質，是人類追求自身幸福的活動，既然人性亙古不變，正確的經營理念也應歷久不衰。正因如此，擁有正確的經營理念才格外重要。

然而，要將理念落實在經營實務上，絕不能採行墨守成規的方針與策略。更確切地說，必須因應時代變化不斷調整，亦即懷著「日日新」的精神。社會在各個層面不斷演變，企業若欲在其中壯大，就須敏銳適應社會的變化，甚至要洞察趨勢，走在時代前沿。

「與時代並肩」的精髓，在於持續創新，追求卓越，創造出一天比一天更好、更精進的成果。昨日視為圭臬的真理，今日是否依然適用？不得而知。時移勢易，昨日的成功經驗，今日可能已不再適用，甚至成為阻礙發展的絆腳石。

我們常常看到一些歷史悠久、擁有輝煌傳統的老字號企業，最終陷入經營困境。他們並非缺乏正確的經營理念，相反地，他們往往承襲了令人敬佩的、代代相傳的優良精神。然而，即使擁有如此寶貴的理念，若在實踐過程中無法與時代並肩，仍可能導致失敗。許多老字號固守著昔日成功經驗，墨守成規，一成不變。當然，如果舊有方法仍然適用，自然可以沿用。但眼前的時代瞬息萬變，一味地抱殘守缺，只會讓企業故步自封，最終被時代淘汰。

以宗教為例，就能明白「與時代並肩」的重要性。偉大的宗教創始人與祖師所傳授的崇高教義，其本質上往往是歷久彌新的真理，具有超越時代的普世價值。然而，若仍以古老的語言或表述方式來傳達教義，即便為真理，仍難以被現代人所接受。唯有將這些崇高的教義以符合當代語境的方式加以詮釋，才能引起共鳴，廣為傳播。實際上，許多宗派正是如此，他們將祖師的教義與現代社會相結合，以更貼近現代人的方式重新詮釋，延續信仰的生命力。

同樣地，無論經營理念多麼卓越，實際經營上仍停留在十年前的做法，缺乏變革與創新，企業也難以有所突破。以產品為例，現代社會對新產品的需求極為迫切，企業須不斷推陳出新，才能滿足市場需求。因此，擁有正確的經營理念固然重要，更關鍵的是能因時制宜，靈活調整具體的方針與策略，不斷創新完善。唯有秉持「日日新」的精神，經營理念才能展現出永恆的生命力。

19

關心政治

政治に関心をもつこと

企業若想在現代社會中永續經營，除了專注本業，亦須高度關注政治動態，並積極參與公共政策的討論，適時提出建言。

談到政治，有些人或許認為那是政治家的事，與企業經營無關，經營者只需專注經濟活動，無須涉足政治。但真是如此嗎？確實，日本社會仍存有封建制度的遺緒，認定「政治是大人們的事」。戰前這種氣氛尤為明顯，在我長期工作的大阪，也一度瀰漫著「政治歸政治，經濟歸經濟。我們獨立自主，靠自己的力量做生意」的氛圍。戰前政治與經濟的關係較為薄弱，企業即便對政治冷感，仍能運作無礙。

可隨著時代變遷，今日政治與經濟早已密不可分，經濟的發展也深受政治運作影響。例如，景氣榮枯過去被視為單純的經濟週期循環，但如今政府卻能透過經濟與財政政策等手段干預，進行有效調控。

此外，隨著經濟活動擴展，道路、機場、港口等基礎建設的需求也與日俱增，而這些公共建設的完善無不仰賴政府的政策支持與資源挹注。

再者，「事業以人為本」，教育正是培育人才的根基，而教育政策的規劃與執行，也與政治息息相關。不僅如此，企業的經營活動不僅難以避開政府監管，各種許可、認證都需要政府審核批准，其中的行政成本也直接影響企業的營運效率與生產成本。

綜觀而言，企業要履行使命、貢獻社會，其中一半可透過企業自身努力實現，另一半則受制於政治主導的社會環境。

換言之，企業除了秉持正確的理念，精進內部踏實經營，更須時刻關注外部環境變化，積極與政府及社會各界對話協作，以取得長足成就，實現永續發展。

除了企業本身的努力之外，政府需要制定妥適的經濟政策，並採取相關措施，創造出健全的經營環境，企業的拚搏才能開花結果。但要是政府實行的政策失當、社會環境惡化，那麼企業再怎麼努力，仍可能事倍功半，甚至徒勞無功。

因此，經營者與業界人士若欲履行其使命，在努力工作外，更要積極參與公共事務，關注政治動向，提出有助於國家與社會的建設性意見，為企業經營創造更有利的條件。這正是當代民主社會對經營者的基本期待。

誠然，當產業業界人士提出政治訴求時，往往容易被誤解為圖謀私利。但這並非我的本意。試圖尋求特殊待遇的企業或產業，不僅會扭曲政策方向，還可能導致政治私有化，貽害無窮；相反地，當上述人士以國家和全民福祉為依歸，思考真正有利於社會整體發展的政策，並在積極向政府建言後獲得採納，將有助於營造良好的政治環境，企業亦得以充分發揮潛力，善盡企業的社會責任。

因此，企業經營者在專注於本業外，更要密切關注國內外政治脈動，適時提出產業建言，克盡己任，成為促進社會繁榮背後的關鍵力量。

20

保有率直的心

素直な心になること

企業經營之道，有許多重要的心法，但我認為最根本莫過於保有一顆「率直的心」。唯有懷著這般心境，才能真正落實本書中的各項觀點；若缺乏率直的心，企業經營必將難以長久。

所謂「率直的心」，即是一顆「不受拘束的心」，亦即不被自身利益、情感、知識或成見所蒙蔽，而是竭力如實觀察、洞悉事物本質。

人的心中有牽絆，就無法如實地看待事物。人心有罣礙，便如同透過有色或扭曲的鏡片觀看世界，難以掌握真相。紅色鏡片下的白紙呈紅色；扭曲鏡片中的筆直棍棒則是彎曲的。如此一來，就會失去正確地掌握事物真相與真實樣貌的判斷力。因此，以帶有成見的心態看待事物，往往會判斷失準，從而導致行動失誤。

相反地，率直的心就如同透過無色、無扭曲的鏡片，白的就是白的，直的就是直的，如實地看待一切。也正因如此，才能了解事物的真相與真實樣貌。以這樣的心態看待、處理事務，無論身處任何情境，都能明辨是非，減少犯錯。

經營之道，就是遵循天地自然的道理，對外要傾聽社會大眾的聲音，對內要集結眾人的智慧，恪盡職守。從這個意義上來說，經營並非難事。然而，要做到這些，經營者必須保有率直的心。

我曾說過，遵循天地自然之理，就像下雨時撐傘。下雨時，自然而然地撐傘，這就是率直的心。若執意不撐傘，是因為心中有所罣礙。如此一來，必將被雨淋溼。經營亦然，虛心傾聽社會大眾與部屬的聲音，這就是率直的心。若剛愎自用，對別人的意見不屑一顧，便無法集結眾人的智慧，最終只能仰賴自身的淺薄知識，終將步上失敗之途。

進一步說，寬容之心與慈悲之心也會伴隨而生，實現讓人與事物皆得以發揮價值的經營。此外，無論未來局勢將如何變化，都能以靈活、自由的態度適應並融合，從而創造出日新月異的經營模式。

簡言之，「率直的心」使一個人變得正直、堅韌且聰慧。正直、堅韌、聰慧的極致，可謂近乎「神」一般的存在。人類自非神，但若能保有並不斷提升率直的心，便能更接近神的境界，無論做什麼事都能取得成功，經營自不待言。

儘管如此，要擁有率直的心並不容易。人類天生就有喜愛、厭惡等情緒，以及各種欲望，這些都是人性，嘗試屏除人性並不現實。若少了這些，人類還能說是人類嗎？

作為人類，難免會受到自身的情緒或利害所左右。尤其是現代社會，學術知識發展以及各種主義與思想的誕生，更強化了這些外在的束縛。要達到完全不受任何事物所囿的境界，說來簡單，實現上卻極為困難。也正因知易行難，培養和提升率直的心顯得尤為重要。那麼，怎麼做才能擁有率直的心呢？

方法很多。據說日本戰國武將中，不少人精研禪學。禪修正是為了消除心中的執著，而這與培養率直的心不謀而合。對於戰爭這種極為嚴峻的經營——更是一場以生命作賭注的經營戰略部署，古代的武將力求以無執著之心面對，並透過禪學來培養這種心態。

聽說圍棋這項技藝，即使不請老師指導，大約下一萬局棋，就能達到初段水準。因此，若想擁有率直的心，每天懷著這樣的心願度日，那麼一萬天（約三十年）後，或許就能達到「率直的心初段」境界。達到初段，便能在處事上具備一定的坦誠，也能避免犯下重大錯誤。基於這般信念，我每天反躬自省，注重言行，致力於養成率直的心。

你可以依據自己認為正確的方法，著手培養率直的心，對所有經營者乃至每個人來說，這一點至關重要。沒有率直的心，經營上就不可能取得真正的成功，也無法獲得人生的至高幸福。如果將率直的心以段位分級，至少借以初段為目標。臻至該境界後，便能自然地領會並於人生中應用實踐。率直的心，是邁向成功的經營者內心最真實的樣貌。

後記
あとがき

本書以「實踐經營哲學」為題，從多方角度分享我個人多年累積的經營心得。這些內容並非基於學術研究，而是我基於實務經驗中的切身體悟。或許在理論層面未臻完美，但我相信實際操作上，這些理念基本上正確且極具實用價值。

我深信，只要將這些理念作為經營的基石，便能引領企業步向成功。我從自身經歷和觀察中，充分印證了這個道理，也認為這才是經營應有的樣貌。

然而，需要強調的是，即便是相同的經營理念，據此而衍生的具體經營方法卻是百花齊放。因此，每位經營者可運用自身優勢，發展出適合自己的經營方式，成功之道絕非千篇一律，也沒有唯一的正確答案。如果忽視個人特質，全盤採行雷同的經營方式，反而可能導致失敗。

以我自身的經營為例，我們擁有許多關係企業和事業部，每個單位都設有專屬的經營負責人，也就是社長或事業部長。儘管這些單位都隸屬於松下電器，基本的經營理念自然保持一致，但如果各自為政，必然會引發問題。

然而，在相同經營理念的基礎上，實際運作方式仍可因應每位社長或事業部長的特性而加以調整。假設有五十位社長或事業部長，勢必會衍生出五十種經營風格，這也正是企業多元發展的寫照。

歸根究柢，正如每個人的外貌都是獨一無二的，每個人的特質亦各有千秋。單純模仿他人成功的模式，未必能複製相同的成果。唯有深入發掘自身優勢，才能開創屬於自己的成功之路。我衷心盼望各位讀者都能以此角度來理解這本書的觀點，找到最適合自己的啟發與方向。

財經企管 BCB873

松下幸之助的實踐經營哲學

実践経営哲学

松下幸之助 — 著
翻譯 — 卓惠娟

副社長兼總編輯 — 吳佩穎
社文館副總編輯 — 郭昕詠
責任編輯 — 周奕君（特約）
校對 — 陳佩伶、魏秋綢
封面及內頁設計 — 12 DESIGN STUDIO
封面照片 — Sankei Archive via Getty Images
內頁排版 — 張靜怡、楊仕堯（特約）

出版者 — 遠見天下文化出版股份有限公司
創辦人 — 高希均、王力行
遠見・天下文化・事業群榮譽董事長 — 高希均
遠見・天下文化・事業群董事長 — 王力行
天下文化社長 — 王力行
天下文化總經理 — 鄧瑋羚
國際事務開發部兼版權中心總監 — 潘欣
法律顧問 — 理律法律事務所陳長文律師
著作權顧問 — 魏啟翔律師
地址 — 台北市 104 松江路 93 巷 1 號 2 樓
讀者服務專線 — (02) 2662-0012 ｜傳真 — (02) 2662-0007；(02) 2662-0009
電子郵件信箱 — cwpc@cwgv.com.tw
直接郵撥帳號 — 1326703-6 號 遠見天下文化出版股份有限公司

製版廠 — 東豪印刷事業有限公司
印刷廠 — 祥峰印刷事業有限公司
裝訂廠 — 精益裝訂股份有限公司
登記證 — 局版台業字第 2517 號
總經銷 — 大和書報圖書股份有限公司｜電話 — (02) 8990-2588
出版日期 — 2025 年 05 月 29 日第一版第 1 次印行

定價 — NT 400 元
ISBN — 9786264173865
電子書 ISBN —9786264173889（PDF）；9786264173872（EPUB）
書號 — BCB873
天下文化官網 — bookzone.cwgv.com.tw

國家圖書館出版品預行編目（CIP）資料

松下幸之助的實踐經營哲學
松下幸之助著；卓惠娟譯——第一版
臺北市：遠見天下文化出版股份有限公司
2025.05
164面；13 × 19公分
（財經企管；BCB873）

譯自：実践経営哲学

ISBN 978-626-417-386-5（精裝）
1.CST：企業經營　2.CST：企業管理

494
114005952

天下文化

BELIEVE IN READING